Heimat, das ist die Luft die wir atmen,
das ist die Sonne, das Licht der Sterne,
das ist unsere Erde, die Nähe und die Ferne.

FR2014

Bibliografische Information der Deutschen Nationalbibliothek.

Die Deutsche Nationalbibliothek verzeichnet diese Publikation in der Deutschen Nationalbibliografie; detaillierte bibliografische Daten sind im Internet über http: / dnb.d-nb.de abrufbar.

Fritz Runzheimer
Autor und Fotograf

Der Autor Fritz Runzheimer, geboren 1940 in Runzhausen, im Landkreis Marburg- Biedenkopf, ist verheiratet und wohnt mit seiner Familie im preisgekrönten Fachwerk-Kratzputzdorf Holzhausen am Hünstein. Nach seiner beruflichen Tätigkeit als Techniker und einer überstandenen lebensbedrohlichen Erkrankung, ist er als Buchautor tätig. Immer mit der Kamera im Anschlag, dokumentiert er die Schönheiten der Natur seiner Heimat im Hessischen Hinterland.

Impressum

1. Auflage 2014, Fritz Runzheimer, Autor
Herstellung und Verlag: BoD - Books on Demand, Norderstedt.

Texte, Fotos, Layout und Umschlaggestaltung: Fritz Runzheimer
ISBN: 978-3-7386-0034-6

FRITZ RUNZHEIMER

Meine Heimat
im Hessischen Hinterland

mit Versen und Gedichten

Heimat: Gedicht von Arnold Scherner in elf Versen
und weiteren von Fritz Runzheimer

HEIMAT

definiert zumeist eine Beziehung zwischen Mensch und Raum. Im allgemeinen Sprachgebrauch verbindet man Heimat mit dem Ort, in den ein Mensch hinein geboren wird und die frühesten Sozialisationserlebnisse stattfinden, die seinen Charakter und seine Mentalität prägen. Heimat kann überall sein, wo es Toleranz und Menschlichkeit gibt. Leider denken wir Menschen viel zu engstirnig, denn eigentlich kann es nur einen Begriff der Heimat geben, nämlich den gesamten schönen blauen Planeten, auf dem wir leben. In Zeiten zunehmender Mobilität und Globalisierung wächst die Sehnsucht nach vertrauter räumlicher Umgebung.

Der Begriff „Heimat" kann nicht losgelöst von der eigenen Geschichte betrachtet werden. Nur so haben antidemokratische Tendenzen, sowie die rassistischen Interpretationen keine Chance den Schutz der Heimat zu missbrauchen. Heimat bedeutet nicht Ab- und Ausgrenzung, sondern das Miteinander sich gemeinsam die lebenswerte Umwelt zu erarbeiten.

Darum liebe ich meine Heimat!

Blick vom Hünstein ins Dautphetal

Heimat, das sind die Menschen, die man kennt,
die man Verwandte, Nachbarn und Freunde nennt.

Der erste Eindruck...

...wenn man in das Dorf kommt

Heimat, das sind der Hof, das Haus und die Räume, das sind das Feld, die Wiese, der Garten, die Bäume.

In der Dorfmitte - „Unter der Linde"

Heimat, *ist das wo wir wirken, schaffen und streben, das ist wo wir lieben, leiden und leben.*

Fachwerk und Kratzputz prägen das Dorfbild von Holzhausen am Hünstein

Das Holzhäuser Wappen
im Kratzputz-Fachwerk

Heimat, *ist das was wir lieben, ist all das Vertraute, was unsere Vorfahren hier einst erbauten.*

Willkommen!

Unser tägliches Brot gib und heute...

Die herbstlich geschmückte
Auferstehungskirche in
Holzhausen am Hünstein.

Das Ehrenmal

Heimat ist da, wo meine Vorfahren ihre ewige Ruhestätte gefunden und wo wir gemeinsam unseren Glauben bekunden.

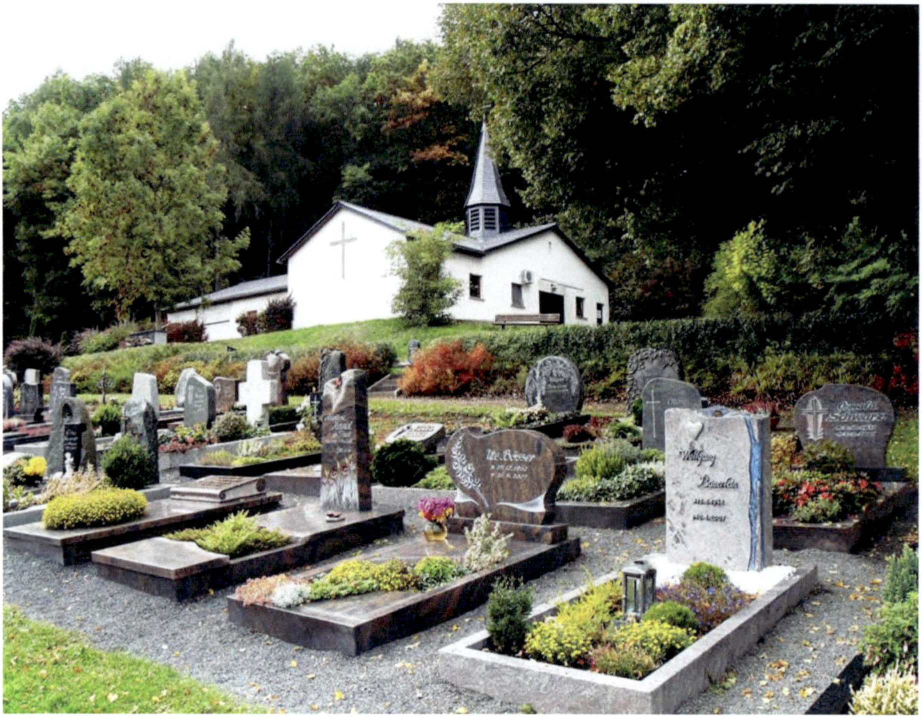

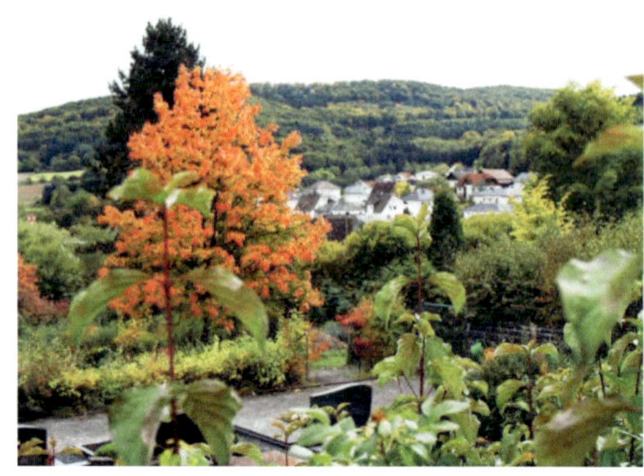

Der Friedhof

Das Pfarrhaus

Heimat ist da, wo ich Sport treibe, in Chören singend meine Freizeit mit Freunden verbringe.

Das Waldschwimmbad

Herbst am Ehrenmal

Bildmitte im Hintergrund:

Haus der „Freien ev. Gemeinde"

Die Kulturscheune
der „Vujelcher"

Die Minigolfanlage

Das Dorf im Frühling - in die Landschaft eingebettet und von Wäldern umgeben.

Bild oben: Das Eichhörnchen auf Futtersuche.
Bild links: Der Buntspecht (Männchen)

Heimat, das sind die Wälder, die Berge und die Quellen,
das sind die Bäche, die Ufer und der Flüsse Wellen.

Der Reitplatz

Die Tennisanlage

Schöne Gärten prägen das Dorfbild von Holzhausen

Dieses Gartenparadies wurde von Sigrun Klingel-
höfer liebevoll gestaltet und gepflegt.
Die Mühe hat sich gelohnt. Der große Garten
mit vielen idyllischen Sitzecken lädt zum Be-
wundern und verweilen ein.

Heimat, das ist der Ort, das sind seine Straßen und Brücken,
das sind die Blumen die wir am Wegrand pflücken.

Heimat, das sind der Hof, das Haus und die Räume,
das sind das Feld, die Wiese, der Garten, die Bäume.

Der Herbst

ist auch die Zeit der Vorbereitung des neu-
en Lebens. Die Wiedergeburt wird eingelei-
tet und im Herbst ist bereits der nächste
Frühling sichtbar. Das Leben erlischt nicht,
es regeneriert. Dank sei dem Schöpfer, der
die Jahreszeiten gemacht hat; wohl dem,
der in ihnen lebt.

Heimat, *das ist die Luft die wir atmen, das ist die Sonne,*
das Licht der Sterne, das ist unsere Erde, die Nähe und die Ferne.

Heimat *ist da, wo mich schöne Ausblicke auf mein Dorf erfreuen.*

Heimat ist da, wo ich mit der Natur, den Vögeln und den Tieren vertraut bin.

Eine Landschaft schmückt sich

Heimat, ist die Vergangenheit von der unsere Väter berichten,
in vielen alten und feinen Geschichten.

Heimat, ist auch da, wo es die schönsten
Mädchen gibt.

Heimat ist da, wo ich meine künstlerische Begabung verwirklichen kann.

Heimat ist da, wo es auch schön ist wenn es regnet.

HEIMAT *Bettina von Arnim (1785 – 1859)*

Auf diesen Hügeln überseh ich meine Welt!
Hinab ins Tal, mit Rasen sanft begleitet,
vom Weg durchzogen, der hinüberleitet,
das weiße Haus inmitten aufgestellt.
Was ist's, worin sich hier der Sinn gefällt?
Auf diesen Hügeln überseh ich meine Welt!
Erstieg ich auch der Länder steilste Höhen,
von wo ich könnt die Schiffe fahren sehen
und Städte fern und nah von Bergen stolz umstellt,
nichts ist's, was mir den Blick gefesselt hält.
Auf diesen Hügeln überseh ich meine Welt!
Und könnt ich Paradiese überschauen,
ich sehnte mich zurück nach jenen Auen,
wo deines Daches Zinne meinem Blick sich stellt,
denn der allein umgrenzt meine Welt.

Heimat, *ist da wo wir feiern, singen und essen und die Alltagssorgen vergessen.*

Heimat, *das ist die Sprache, die man spricht, die man hört, liest und versteht wie ein Gedicht.*

Heimat, *das ist die Gegenwart mit Freude und Sorgen, das ist unserer Kinder leuchtendes morgen.*

Heimat, da wo ich all die alten Bäume kenne und ihre Früchte beim Namen nenne.

Hessenland, du bist mein Heimatland

Grüne Wälder gibt's wohin man schaut,
Berg' und Täler sind mir so vertraut.
Überall, da blüht's im Sonnenschein.
Oh, wie herrlich ist es doch bei uns daheim!

(Hessische Landeshymne) Strophe 2
Text: Brunhilde Miehe

Heimat

Heimat, dieses tiefe Wort,
unzählige Male beschrieben;
Zuhause, wo ist dieser Ort,
haben Lebensumstände entschieden?

Heimat - eine eigene Sicht,
persönlich geprägt und verankert,
Wirklichkeit oder Kindheitstraum,
beständig, gehen müssen, abgewandert...

Heimat ist dort, wo du willkommen bist,
man dir die Hand reicht, deinen Namen nennt;
Heimat - wo dein Herz glücklich ist,
Heimat - wo der alte Baum dich noch kennt.

Elisabeth Kreisl, 2011

Heimat ist auch an grauen Novembertagen schön, wenn dichte Nebel die Sonne verhüllen.

Ein Spinnennetz im Strauch, kunstvoll und doch unauffällig geknüpft, hat es dem Erbauer in seinem kurzen Leben zur Nahrungsbeschaffung gedient. Insekten und viele Kleinlebewesen sind der Spinne ins Netz gegangen. Die Spinne ist nicht mehr - das Netz wird nicht mehr benötigt - und nun, bevor es von Herbstwinden und Regen zerstört wird, hat es die Natur für alle sichtbar als Wunderwerk herausgestellt. Das ansonsten Unscheinbare wird ein auffälliges Ereignis für jeden, der mit offenen Augen die schöne Hinterländer Landschaft durchwandert.

Die vier Jahreszeiten…

… verführen die Menschen zum Träumen. Oft, wenn der Winter lang und kalt ist, sehnt man sich nach dem frischen Grün und den schönen Blumen des Frühlings und der Wärme des Sommers. Für viele Menschen ist der Herbst, mit den schönen Farben in der Natur und den angenehmen Temperaturen, die schönste Jahreszeit. Die tiefstehende Sonne verzaubert die Landschaft mit Licht- und Schattenspielen bevor vorwinterliche Tristes mit Nebel und Regen die kalte Jahreszeit ankündet.
Es sind die vier Jahreszeiten die das Leben mit der Natur so wundervoll abwechslungs- und erlebnisreich machen. Menschen, Tiere und Pflanzen leben und gedeihen in diesem Rhythmus. Ruhe und Erholung, Sähen und Ernten, alles unterliegt den vorgegebenen Regeln der Schöpfung.
Dennoch sind wir Menschen oft ungeduldig in der Erwartung: Wann wird es endlich wieder Sommer? Hoffentlich gibt es eine gute Ernte - und Schnee an Weihnachten wäre doch auch ganz schön!
Viel Stoff für Träume.

Heimat ist da, wo das Kreuz Wegweiser für die Menschen ist.

Heimat, viele Wege führen von dir hinaus, aber alle führen einmal zurück nach Haus.

Der Kreislauf der Natur überdeckt schon nach kurzer Zeit die alten Wunden mit neuem Leben. Wo einst der stattliche Baum stand, hat eine neue, vielfältige Vegetation Einzug gehalten. Insekten und viele Kleinstlebewesen tragen dazu bei, dass der Boden für neues Wachstum bereitet wird. Und irgendwann, in nicht allzu ferner Zukunft, wird dort ein Sämling zu einem neuen stattlichen Baum heranwachsen.

Herbstimpressionen

Die Kugel

Seit alter Zeit ist die Kugel ein Symbol für Vollständigkeit und Ganzheit, für die Seele und die Gesamtheit aller einander aufhebenden Gegensätze.
In der Kugel spiegelt sich ein unendlich großer Horizont.
Dem Betrachter eröffnet sie eine vergleichsweise globale Wahrnehmung unseres Heimat-Planeten Erde.

Kunstwerke der Natur

Das Leben ist ein dorniger Rosenstock und das Glück seine Blüten.
Doch das Leben ist schwer. Das will Bedacht.
Vor dir besonders, nimm dich in acht!

Wenn ein Wunder in der Welt geschieht, dann geschieht es durch liebevolle, reine Herzen.

Licht und Farbenspiele prägen das Landschaftsbild im Herbst –
der sanfte Übergang in die kalte Jahreszeit.

Blick vom Wurstberg

Auch im Winter lohnt sich
Ein Besuch in Holzhausen
am Hünstein.

Heimat ist da, wo der Tag mit einem schönen
Sonnenaufgang beginnt.

FROHE WEIHNACHTE UND EIN GLÜCKLICHES NEUES JAHR

Heimat

Heimat, das sind die Menschen, die man kennt, die man Verwandte, Nachbarn und Freunde nennt.
Heimat, das ist die Sprache, die man spricht, die man hört, liest und versteht wie ein Gedicht.
Heimat, das sind der Hof, das Haus und die Räume, das sind das Feld, die Wiese, der Garten, die Bäume.
Heimat, das sind die Wälder, die Berge und die Quellen, das sind die Bäche, die Ufer und der Flüsse Wellen.
Heimat, das ist der Ort, seine Straßen und Brücken, das sind die Blumen, die wir am Wegrand pflücken.
Heimat, das ist die Luft die wir atmen, das ist die Sonne, das Licht der Sterne, das ist unsere Erde, die Nähe und die Ferne.
Heimat, das ist was wir lieben, ist all das Vertraute, was unser Vorfahr hier einst erbaute.
Heimat, das ist die Vergangenheit von der unsere Väter berichten, in vielen alten und fernen Geschichten,
Heimat, das ist die Gegenwart mit Freude und Sorgen, das ist unserer Kinder leuchtendes morgen.
Heimat, das ist wo wir wirken, schaffen und streben, das ist wo wir lieben, leiden und leben.
Heimat, viele Wege führen von dir hinaus, aber alle führen einmal zurück nach Haus.

Arnold Scherner

Von Autor Fritz Runzheimer

bisher im Verlag Books on Demand GmbH, Norderstedt erschienen:

Band I

Holzhausen am Hünstein – Ein Dorf macht Karriere
512 Seiten, mit Bilddokumentation 750 Jahre Holzhausen am Hünstein
2001.
Ehemaliges Gaumusterdorf – 1936 wird 1975 Bundessieger im
Wettbewerb „Unser Dorf soll schöner werden" ISBN: 9783842338487

Band II.

Holzhausen am Hünstein – Ein Dorf lädt sich Gäste ein
Die zeitgleiche Entwicklung des Fremdenverkehrs in Holzhausen am Hünstein
540 Seiten, im Anhang: **Ein Dorf setzt sich zur Wehr**: Eine Dokumentation über
die verheimlichte Zerstörungskraft des Öko-Wahns im Zeichen der Energiewende.
Berichte – Kommentare – Zeitungsartikel und Leserbriefe
ISBN: 9783842338609

weitere Bücher,
- **…und manchmal kommt es anders – Darmkrebs verändert mein
  Leben**
  Taschenbuch 2009, 180 Seiten, ISBN: 9783839132463
- **Ein fröhliches Herz** – Bildband mit Zitaten, Gedichten und Geschichten
  Bildband 2009, 108 Seiten, ISBN: 9783839154700
- **Mit offenen Augen sehen und staunen**
  Bildband 2012, 116 Seiten, ISBN: 9783842382176
- **Froh und heiter, ist gescheiter! – Kurzgeschichten – Erlebtes & Erfahrenes**
  Taschenbuch 2012, 284 Seiten, ISBN: 97838482253778